大马警官

生肖小镇负责维持交通秩序的警察，机警敏锐。有一辆多功能警用摩托车，叫闪电车，能变出机械长臂进行救援。

喇叭鼠

生肖小镇玩具店的老板，也是交通安全志愿者，有一个神奇的喇叭，一吹就能出现画面。

闹闹妈妈

闹闹

闹闹朋友——跳跳

编　委　会

主　编

刘　艳

编　委

李　君　朱建安

朱弘昊　丛浩哲

乔　靖　苗清青

交警叔叔阿姨送给小朋友的礼物！

图书在版编目(CIP)数据

小猴去看戏 / 葛冰著;赵喻非等绘;公安部道路交通安全研究中心主编. – 北京:研究出版社,2023.7

(交通安全十二生肖系列)

ISBN 978-7-5199-1478-3

Ⅰ.①小… Ⅱ.①葛… ②赵… ③公… Ⅲ.①交通运输安全 – 儿童读物 Ⅳ.①X951-49

中国国家版本馆CIP数据核字(2023)第078919号

◆ **特别鸣谢** ◆

湖南省公安厅交警总队

广东省公安厅交警总队

武汉市公安局交警支队

北京交通大学幼儿园

北京市丰台区蒲黄榆第一幼儿园

小猴去看戏(交通安全十二生肖系列)

出版发行:	中国出版集团有限公司 研究出版社	策　划:	公安部道路交通安全研究中心 银杏叶童书
出 品 人:	赵卜慧		
出版统筹:	丁　波		

责任编辑:	许宁霄	编辑统筹:	文纪子
装帧设计:	姜　楠	助理编辑:	唐一丹

地址:	北京市东城区灯市口大街100号华腾商务楼	邮编:	100006
电话:	(010) 64217619　64217652（发行中心）		

开本:	880毫米×1230毫米　1/24　印张:18	字数:	300千字
版次:	2023年7月第1版	印次:	2023年7月第1次印刷
印刷:	北京博海升彩色印刷有限公司	经销:	新华书店

ISBN　978-7-5199-1478-3	定价:	384.00元（全12册）

公安部道路交通安全研究中心　主编

小猴去看戏

葛冰著　薯条绘

中国出版集团有限公司
研究出版社

　　小猴闹闹和跳跳是好朋友，他们都喜欢听故事，最喜欢《西游记》里的孙悟空。

剧院上演《大闹天宫》，闹闹很想看。闹闹妈妈就和他约定：只要他这周表现好，星期天就带他去看。

于是，闹闹和跳跳约好：星期天
在剧院门口见，一起看《大闹天宫》。

"妈妈，我
作业写完了，
也检查了。"

"妈妈，我陪妹妹玩了，
还给她讲故事了。"

"妈妈，我把垃圾扔了。"

7

　　终于盼到了星期天，闹闹帮妈妈晾完衣服后，催妈妈
赶紧出发。

　　妈妈和闹闹坐到车上，叮嘱他坐在儿童安全座椅增高
垫上，系好安全带，下车的时候要经过允许才能下车。

"知道了，我们赶紧走吧，
跳跳一定早到了。"

《大闹天宫》太火爆了，剧院附近的停车场停得满满当当。闹闹妈妈转了大半天，终于在路边找到一个停车位。

儿童安全座椅增高垫

"妈妈，快点儿，要开始了。"闹闹焦急地叫喊。

"妈妈知道了，别急行不行？"

闹闹急得满脸通红，没有听妈妈的话，打开车门就下车。

骑车路过的龙叔叔被打开的车门撞翻在地上。

闹闹妈妈赶紧下车去扶他。

龙叔叔的胳膊被撞疼了，自行车也坏了。

"都怪我乱开车门。对不起，龙叔叔。"
闹闹吓得眼泪哗哗流。

正在巡逻的大马警官也赶了过来。

为了您的安全，我们一马当先！

"下车时不要急，一定要等家长开车门，要从右边的车门下车，不然很容易发生刚才的事情。"大马警官说。

"等你长大了，可以自己开门下车时，还有一个小窍门，开门时要用离车门较远的手去开车门，便于观察后面来车或行人情况。"喇叭鼠又吹起了小喇叭。

总算有惊无险，闹闹最后如愿以偿，看上了《大闹天宫》。

正确开车门

车停稳后不急下，

要等家长来帮忙。

学会远端手开门，

右侧下车有保障。

小朋友们，乘坐小汽车要从右侧下车，记得用离车门较远的手开车门哟！

教会孩子用"远端手开车门"

家长朋友们，在带孩子乘坐私家车或出租车出行时，有个很容易忽视的风险点就是——开车门！不要小看这个动作，开不好则容易导致与后方车辆、行人发生碰撞，就和故事中小猴闹闹一样，开门撞到后方自行车，造成交通事故，将孩子及他人都置于危险之中。怎样做才会更安全呢？

首先，请从小培养孩子从车辆右侧上下车的安全意识。车辆停稳后，家长应先下车，帮助孩子打开右侧车门，再让孩子下车。

其次，在孩子成长过程中，要教会他们用"远端手开车门"，也就是用距离车门较远的那只手开门。因为这样做的时候，我们的上半身会自然而然地随着手臂动作转动，目光也会随之移向后侧，这样就很容易观察到车辆后方是否有来车或行人。

　　整个开车门的过程中还要保持观察，可先将车门打开一个较小的幅度，确认车辆后方情况安全后，再完全打开车门，完成下车动作。